神奇的光

[韩] 李美京　文
[韩] 尹香熙　绘
高绿路　译

化学工业出版社
·北京·

STARWARS

西西一家在看关于宇宙战争的电影。

巨大的宇宙飞船、在空中飞行的汽车，还有发光的光剑！

“爸爸，光剑好帅气啊！”

西西模仿电影中挥舞光剑的样子。

“光剑虽然很帅气，但是只能出现在电影里面。现实中是制造不出来的。”

“为什么？为什么制造不出来光剑呢？”

“光有向前直线传播的性质，

所以不会像光剑的光一样，能够停下来。”

“哎，这样呀。原来光剑制造不出来啊……”

从科学角度来看，光剑是制造不出来的，西西有些不开心。

但是，他突然对什么是光产生了兴趣。

爸爸给西西讲了很多关于光的知识。

西西想了解光。

光是从哪里来的呢？

光主要来自于太阳。太阳非常炎热，还会发光。

来自太阳的光叫做阳光。

有了阳光地球才会很明亮、很温暖，人类才能够健康地生活下去。

植物也是有了阳光才能生长。

除了太阳，还有能够发光的物体。
夜晚亮晶晶的星星会发光，
电灯和烛火也会发光。
这种可以自己发光的物体叫做“发光体”。
发光体就算在黑暗的地方看起来也很亮。

我们周围的大部分光都来自于太阳。

因为发光体可以发光，所以我们能够看清发光体。

但是人、书、树木、花等等，都不能发光，它们是怎样被看到的呢?

这是因为物体被光照射后发生了反射。

光照射在物体上，有一部分光会被弹回，

这就叫做光的反射。

光从物体上反射出来，再进入我们的眼睛。这样我们才能看到物体。

我们能够看到树木、花、小鸟，都是因为阳光的反射。
夜晚的月光也是对太阳光的反射，因为月亮是不能发光的。
地球也会反射太阳光，所以宇航员们能够看到发光的地球。
如果没有了光，我们就什么都看不见了。

不发光的物体会反射光线，所以能够被我们看见。

光照到的地方就会有影子。
为什么会有影子呢?
光有向前直射的特性，这叫做光的直线传播。
光能够穿过玻璃和水这样透明的物体，
但是不能穿过人和树木这样不透明的物体。
所以，在光照的反方向，就会出现黑暗的部分。这就是影子。

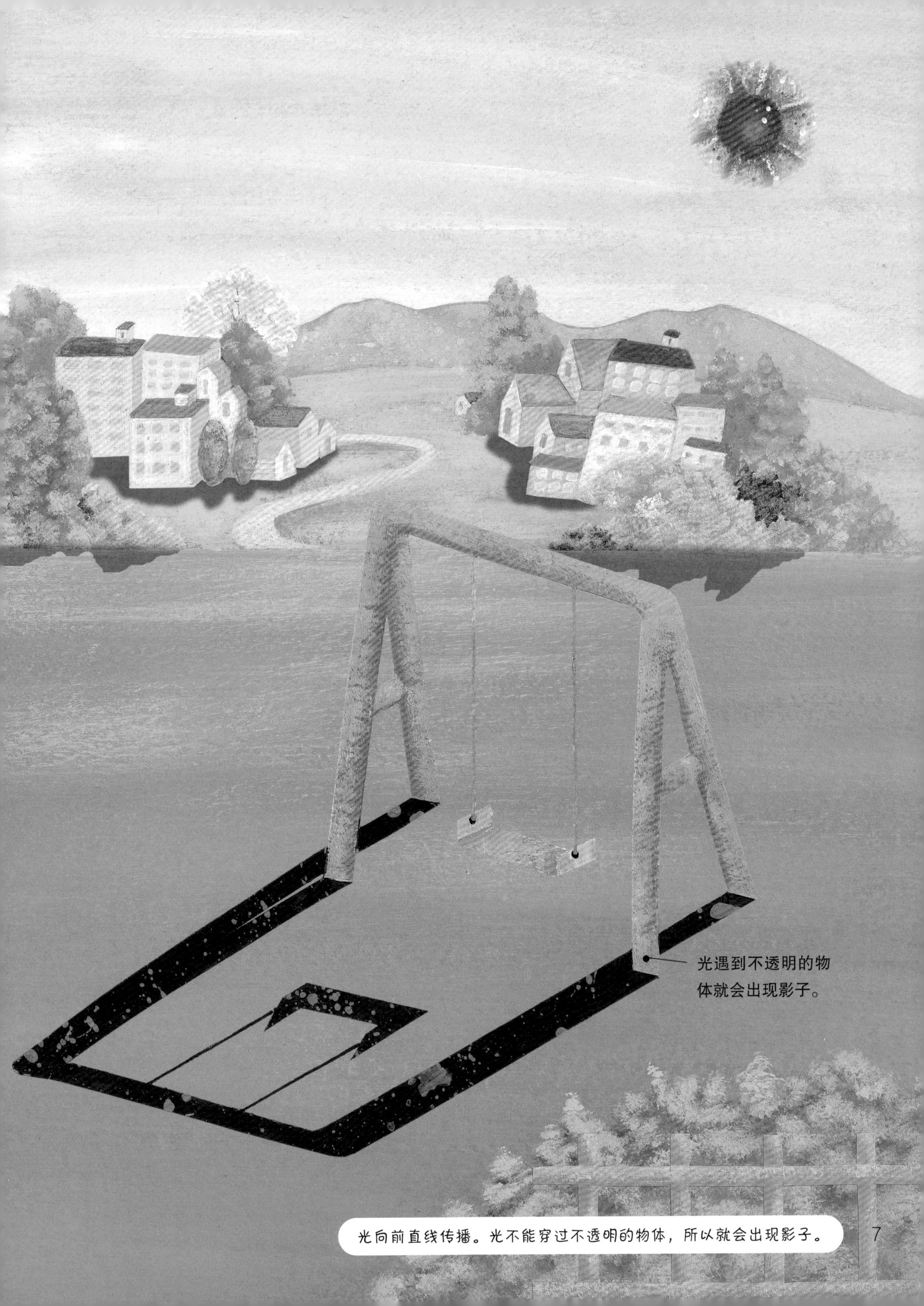
光遇到不透明的物
体就会出现影子。
光向前直线传播。光不能穿过不透明的物体，所以就会出现影子。

在充满阳光的操场上，和朋友们一起玩踩影子的游戏。
“剪刀、石头、布。”西西负责来踩影子。
要怎样做才能不被西西踩到影子呢？
要比西西跑得更快才行。
要背对着太阳奔跑。
向着太阳跑，影子就会出现在身后，
这样很容易被西西踩到。
跑累了躲在树荫下面，
人藏在树荫里影子就消失了。

藏在树荫里，影子就消失了。

西西和班里的朋友们玩起了皮影戏。

西西扮演一只兔子。

他们打开了电灯，幕布后面就出现了影子。

玩偶离电灯越近，幕布上的影子就越大。

玩偶离幕布越近，影子就越清晰，当然也变得越小了。

为什么影子的大小会变化呢?

电灯的灯光是从一点向四周直射的。

所以电灯和物体之间的距离如果发生改变，影子的大小也会有所改变。

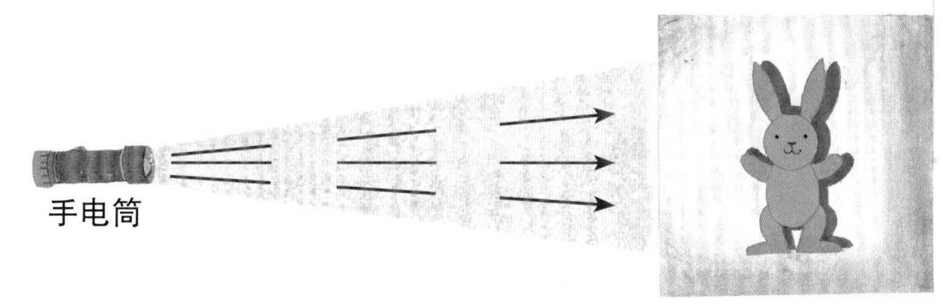

物体离手电筒越远、离幕布越近，影子就越小。

物体离手电筒越近、离幕布越远，影子就越大。

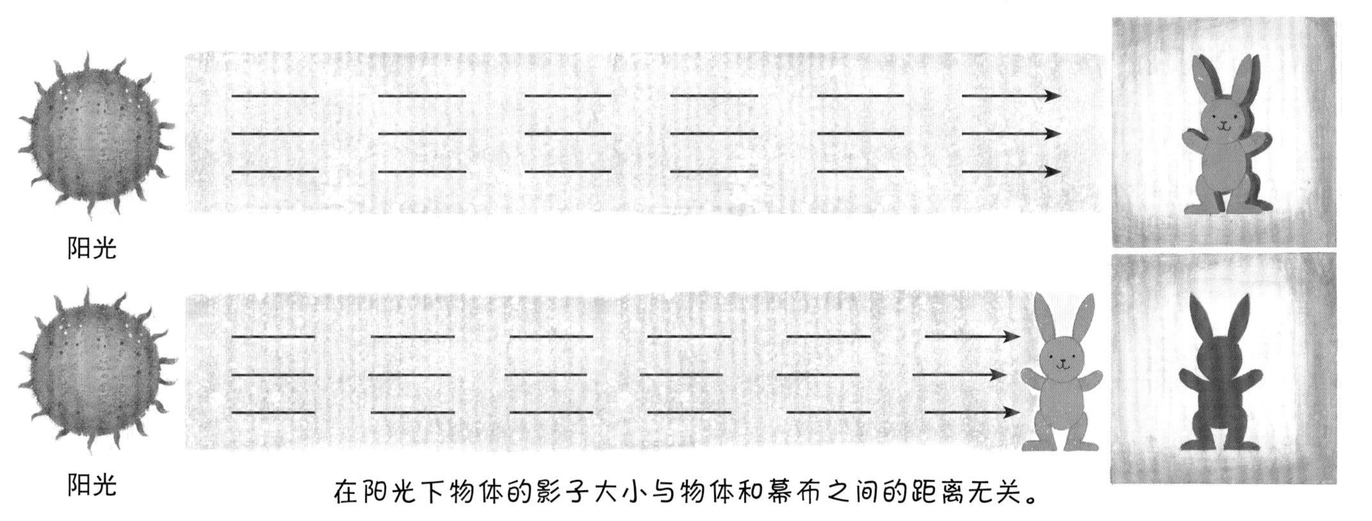

在阳光下物体的影子大小与物体和幕布之间的距离无关。

阳光虽然是从太阳散发出来的，

但是由于太阳与地球的距离非常远，所以我们看到的阳光是平行的。

所以在相同的时间、相同的地点，阳光照射出的影子的大小是不变的。

光的魔术

镜子照到物体后，由于镜子的反射，我们可以看到物体的样子。
用两面镜子，根据镜子之间角度的不同，可以看到很多个物体。
还有，只用镜子照到身体的一半，也可以看到全身。

两面镜子之间的角度是45度时，
在镜子里可以看到5个物体的像。

两面镜子之间的角度是90度的时候，
在镜子里可以看到3个物体的像。

两面镜子之间的角度是120度的时候，
在镜子里可以看到2个物体的像。

凸面镜，凹面镜

中间部分凸起来的镜子叫做凸面镜，中间部分凹下去的镜子叫做凹面镜。
凸面镜和凹面镜都是哈哈镜。
在哈哈镜里，我的样子可以很瘦，也可以很胖。
这是因为弯曲的镜面可以把光反射到各个方向。

凸面镜照出来的模样

便利店里面的监视镜

汽车的后视镜

通过凸面镜看物体，物体看上去会变小，但是宽度会变宽，
所以被用做汽车的后视镜和便利店的监视镜。

凹面镜照出来的模样

电波望远镜

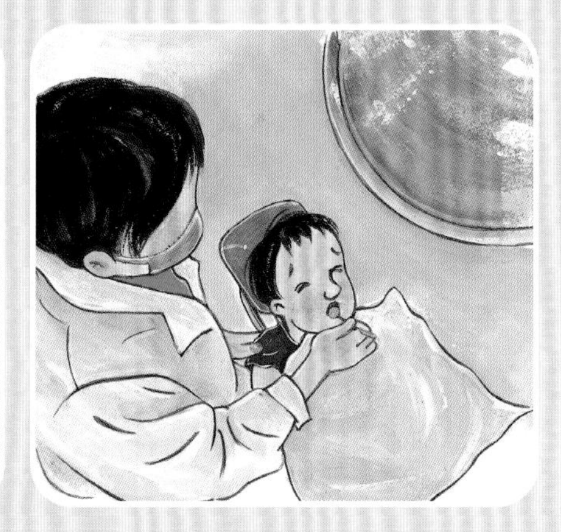

牙科治疗用的反射镜

凹面镜中物体的模样根据物体位置的不同而不同。
物体离凹面镜很近，看上去大小会放大。
物体如果远离凹面镜，看上去就是颠倒的。
凹面镜可以让很小的范围看上去很大。
所以电波望远镜、牙科医生使用的反射镜都是凹面镜。

照镜子的时候会看见另一个“我”。

为什么通过镜子可以看到自己的模样呢?

我的身体所反射的光在镜子中再次被反射，这样我们就可以看到自己了。

镜子中的我和实际的我有些不同。

镜中的我叫做“像”。

像的大小虽然和实际的我相同，但是和我是左右相反的。

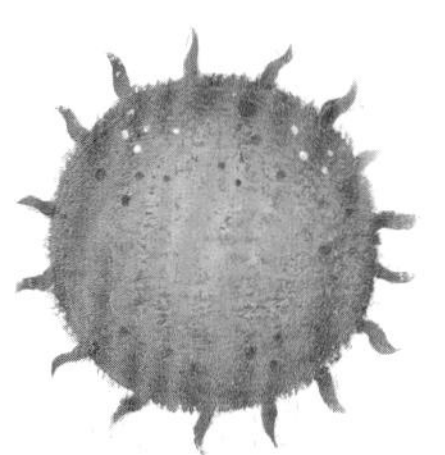

被镜子反射的光也是直线传播的，
所以利用镜子可以改变光的方向。

光被镜子反射后，物体的左右会被转换。

凸透镜，凹透镜

光穿过玻璃和水的时候会发生折射。

眼镜就是利用了光的这一性质。

看不清远处的东西时，使用凹透镜。

看不清近处的东西时，使用凸透镜。

大家想知道戴眼镜的时候，物体的大小是怎样变化的吗？

凹透镜

穿过玻璃的光会被发散，

看上去字会变小。

凸透镜

通过玻璃的光会被聚集起来，

看上去字会变大。

物体变大了

透过装了水的透明玻璃杯看物体，物体看上去变大了。

因为装了水的杯子和凸透镜的作用原理相同，所以物体看上去很大。

把两面镜子相对摆放的时候，
镜子中照射出来的物体会无限循环。

只用镜子照到身体的一半。
虽然只照了一半，但是看上去好像整个身体。

光也会被水反射。

看过水中倒映出来的天空和水边的景物吗？

有时候很难区分哪部分是现实中的景色，哪部分是水中倒映的景色。

这是因为水像镜子一样映照出了周围的景物。

天黑的时候，你从家里向窗外看过吗？
白天能看清的风景，都看不清楚了，
反而能看清房间里面。
这时玻璃就像镜子一样照着房间里面。
用闪闪发光的金属碗筷照一照自己的脸，
看上去很大，还是看上去很小？是不是看上去很奇怪？
金属的表面充当了镜子的角色。

在我们周围有很多像镜子一样可以反光的物体。

如果把吸管插进装了水的杯子里，
吸管看起来好像折断了。
这是为什么呢？

直射的光从空气中进入水中后，发生了偏折。

这是因为光在水中比在空气中传播得慢。

光进入水中后不仅传播速度变慢了，方向也有所改变。

这叫做光的折射。这种折射现象在光穿过玻璃或者塑料的时候也会产生。

在盆里放一个硬币，放置距离让我们刚好看不到硬币。

向盆里倒一些水，就可以看见硬币的一部分了。

在盆里装满水，硬币看上去就像浮在水面上一样。

硬币反射的光发生了折射，然后进入我们眼中。

光从空气进入水中发生了偏折。这就叫做光的折射。

把透明的玻璃或者塑料做成凸面，就叫做凸透镜。
用凸透镜看物体，物体看上去很大。
把透明的玻璃或者塑料做成凹面，就叫做凹透镜。
用凹透镜看物体，物体看上去很小。
我们身边利用了透镜的东西有很多。
让物体看上去很大的放大镜和显微镜，使用的是凸透镜。
能够看很远的望远镜，同时使用了凸透镜和凹透镜。

相机也是用凸透镜和凹透镜制作的。
大家都知道用凸透镜制作的放大镜可以聚集阳光，把纸烧焦吧？
但是会有发生火灾的危险，一定要小心。

把玻璃这类物体做成凸面或者凹面，可以聚光也可以散光。

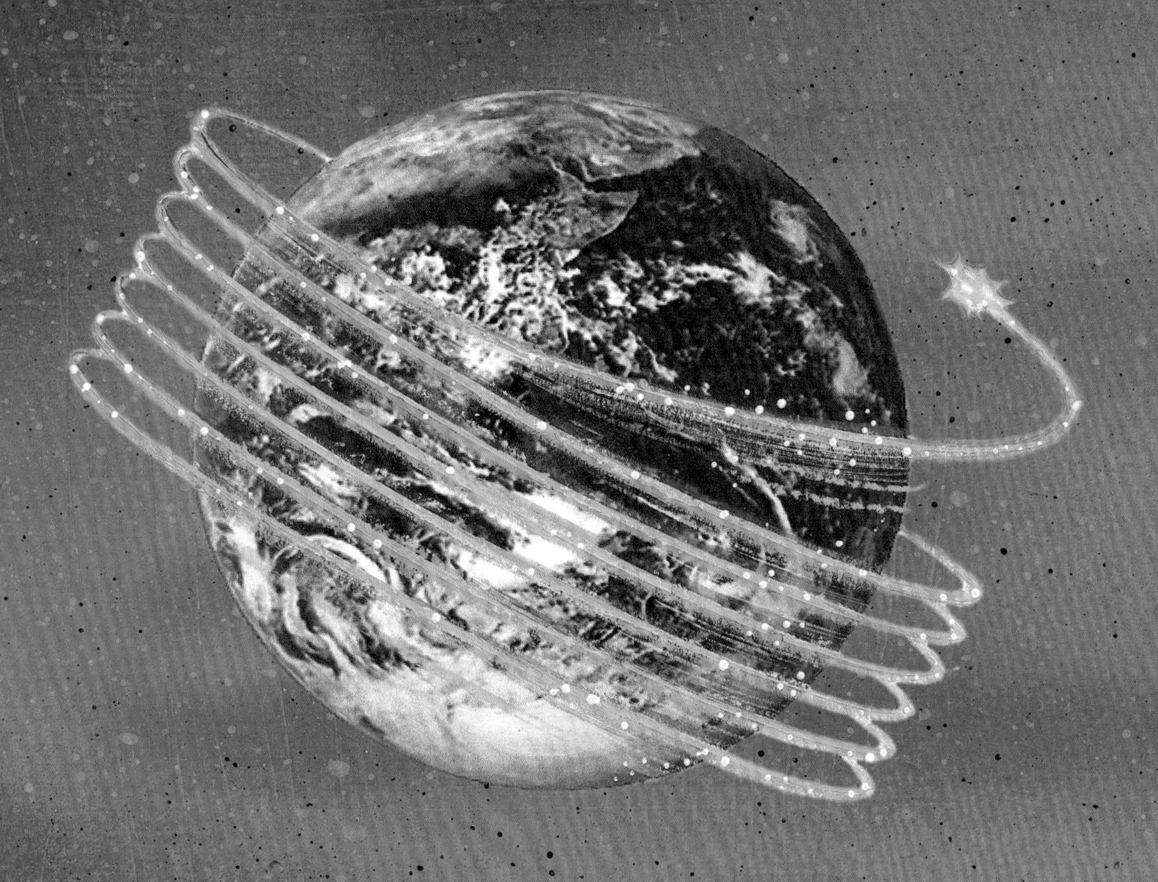

利用光能直射很远的性质，可以向远方发射信号。
光传播的速度很快，眨眼间（1 秒）就能够绕地球 7 圈半。
在古代发生战争等紧急情况的时候，使用的是烽火。
烽火能够向远方快速传递信号，
利用的就是光的传播速度很快这一性质。

因为光可以快速传播到很远的地方，所以利用光可以向远方快速传递信号。

阳光真的很神奇，像空气一样一直在我们身边，但是却触摸不到。

如果没有了阳光会发生什么呢？

全世界会变得漆黑一片，地球上所有的生命都会被冻起来。

但是不用担心，

在未来的 50 亿年里，太阳都会不断地发光。

世界上充满了阳光。

有了阳光，世界才会这么美丽、这么温暖。

早上一睁开眼睛就能看到全家人，

植物在田野里茁壮成长。

西西了解了光之后，

觉得光很神奇，同时也很感谢光的存在。

因为有了阳光，我们才能生活在光明之中。

通过实验与观察了解更多

影子游戏

光照射到不透明的物体就会出现影子。
这是因为光遇到不透明的物体之后就不能继续向前传播了。
光照的方向还有物体本身的样子，都会影响影子的模样与大小。
试着用双手做出各种各样的影子吧！

实验准备　电灯或者手电筒

实验方法

1. 在离墙一定距离的地方打开电灯或者手电筒，然后关闭室内所有的灯。
2. 用双手做出各种各样的影子。
3. 把双手靠近电灯，再把手靠近墙的方向。影子发生了什么变化呢？

实验结果

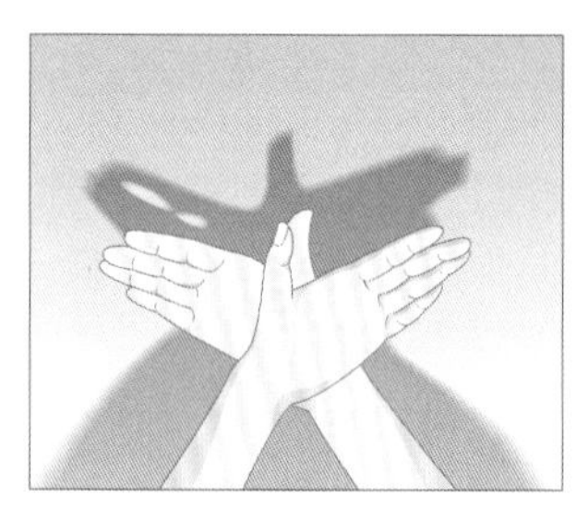
秃鹫

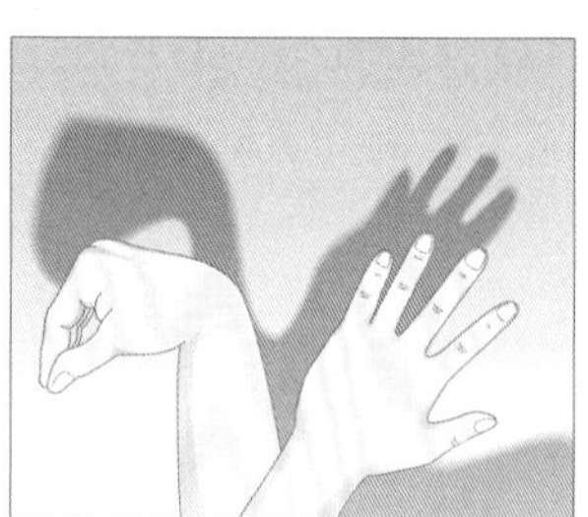
天鹅

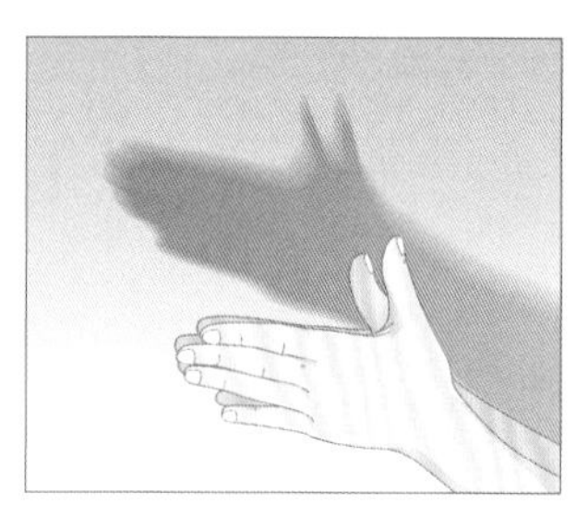
狗

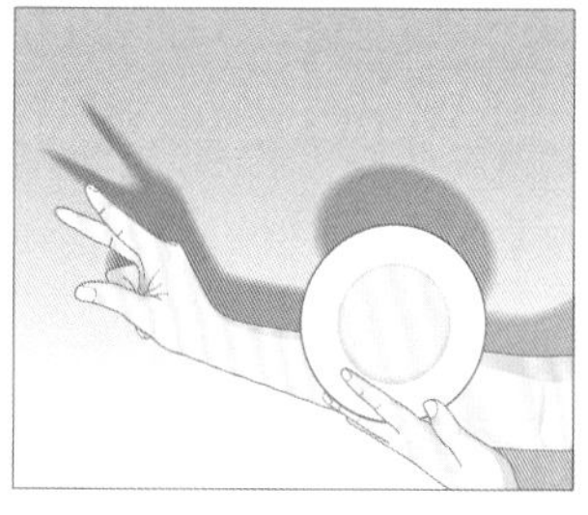
蜗牛

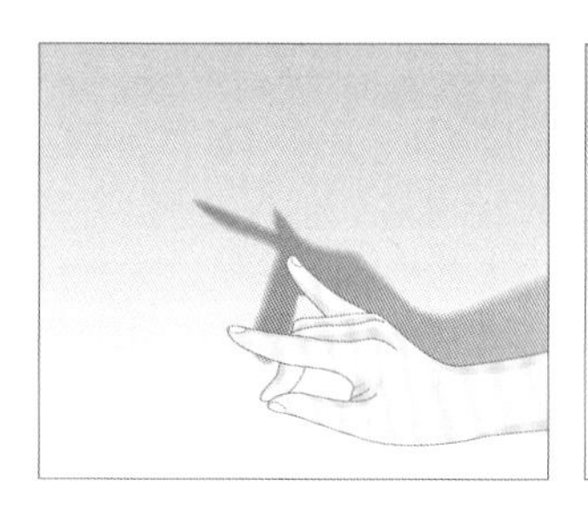
狐狸

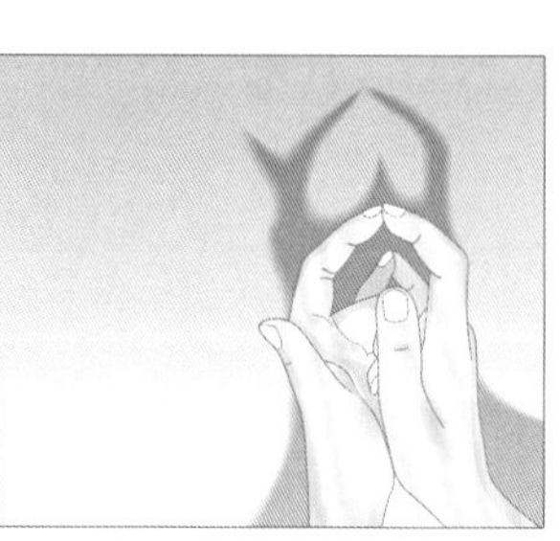
水壶

为什么会这样呢？

电灯发出的光遇到手之后，会根据手的模样出现影子。手离电灯越近，影子就越大；手离墙越近，影子就越小。这是因为电灯的光是向周围发散并直射的。

制作万花筒

这些漂亮的图案是什么？
是万花筒里看到的景象。
万花筒的意思是“一万种美丽的风景”。
真的能看到一万种风景吗？

实验材料　塑料镜子3面(15厘米 × 10厘米)、玻璃珠、彩色纸片、小花、透明胶、糨糊、厚的黑色纸和白色纸。

实验方法

1. 用黑色的纸画出可以做成三角柱的展开图。
   柱子的一边要比镜子稍微大一些。
2. 用白色的纸画出三角柱的底面展开图。
3. 用透明胶把镜子粘在黑色的纸上，做成三角柱。
4. 用白色的纸把三角柱的底部贴住。
5. 把各种玻璃珠、彩色纸片、小花放到三角柱里面。
6. 朝三角柱里面看。看到了什么？
7. 摇晃三角柱，让里面的东西换位置，然后再向里面看。看到了什么？

实验结果

可以看到各种各样的美丽画面。

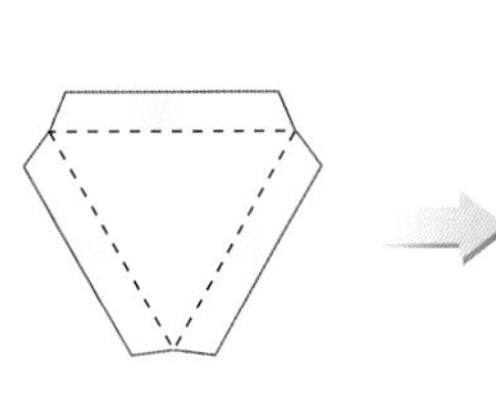

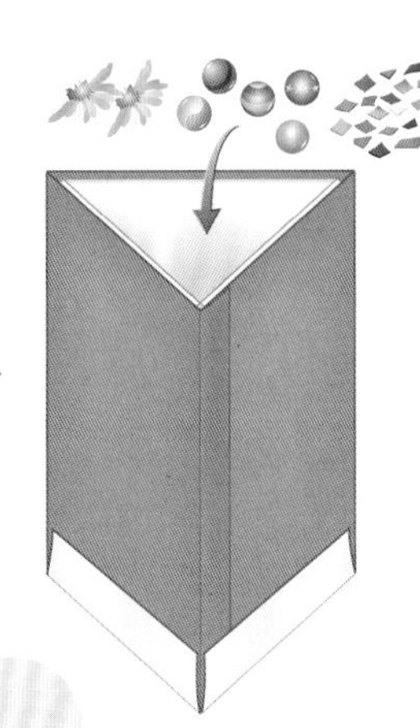

为什么会这样呢？

万花筒利用了光的反射。如果把各种各样的玻璃珠和彩色纸片放在用镜子围成的三角形空间里，3 面镜子就会反射物体的样子，变成一幅美丽的画面。物体的位置发生变化，镜子里面的画面也会变化。所以可以观察到很多种不同的景象。

问题 光有多快呢？

光可以在真空中传播。光在真空中 1 秒可以传播 30 万千米。以这个速度 1 秒可以绕地球 7 圈半。

光有多快呢？从太阳出发只需要 8 分钟就能到达地球。我们现在看到的阳光就是 8 分钟前从太阳发射出来的。阳光在空气中的传播速度比真空中慢一些，在水中的传播速度比在空气中慢。但是，世界上没有什么东西比光的速度更快。

问题 镜子或透镜所成的像中，什么是实像，什么是虚像？

物体的像是从物体发出的光被镜子、透镜反射或折射后形成的物体的模样。我们在观察成像的时候，由实际光线会聚而成的就是实像。光没有被会聚起来，但是看上去是被聚集起来了，这种就是虚像。所以实像会出现在光照射的方向，虚像出现在光照射的反方向。

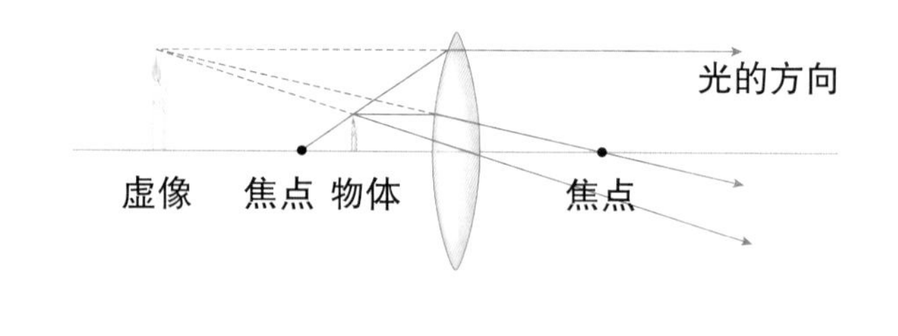

平面镜、散光的凸面镜和凹透镜都只能形成虚像。聚光的凹面镜和凸透镜根据与物体之间的距离不同，既能形成实像又能形成虚像。焦点是光平行进入反射镜或透镜，反射或折射后的聚集点。

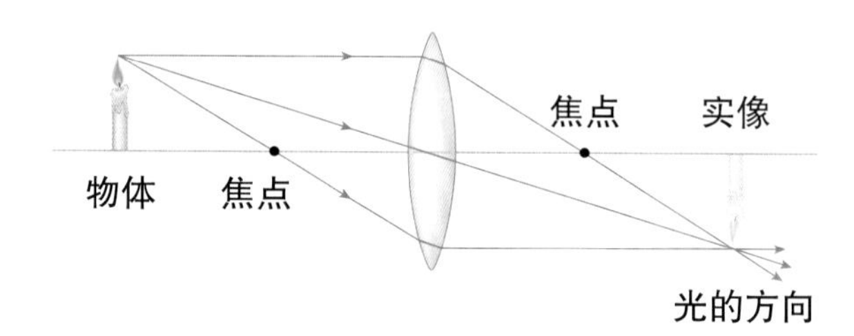

问题 有不颠倒左右的镜子吗？

照镜子的时候左右是颠倒的。那有不颠倒左右的镜子吗？日本的发明家北村健尔制作出了不颠倒左右的镜子。这种镜子叫做正映镜。

正映镜是把 2 面镜子垂直放置，中间部分用透明的玻璃做成三角柱，在三角柱内装满水。正映镜的原理是：2 面镜子将物体进行 2 次反射就会呈现物体原来的模样。

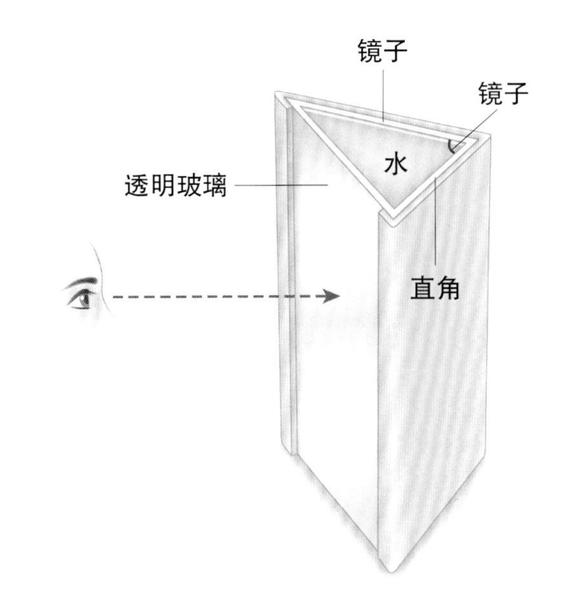

科学话题

电影《星球大战》中的光剑在现实中能够制作出来吗？

光剑在现代科学理论中是无法存在的。光的基本性质是直线传播。也就是说，光只能直线前进，无法停止。

另外，光之间互相接触只会擦身而过，所以用光做的剑也只能擦身而过。

在未来，如果对光产生了新的理论，这件事可能实现吗？实际上，科学理论一直在发展，对于光的理论也一直在变化，所以未来说不定也能制造出光剑。

这个一定要知道！

阅读题目，给正确的选项打√。

1 自身能发光的物体叫做“发光体”。请选出以下不是发光体的物体。

- □太阳
- □星星
- □烛光
- □月亮

2 不是发光体的物体是怎样被我们看见的呢？

- □因为物体可以反射光，所以我们可以看见。
- □因为人类的视力很好。
- □因为光的直射，所以我们可以看见。

3 影子是怎样形成的呢？

- □因为物体的移动。
- □因为直射的光遇到了不透明的物体。
- □因为光的反射。

4 下面哪一项可以用光的折射现象来说明？

- □在装了水的杯子里吸管看上去像是折断了。
- □可以在镜子里看到自己的模样。
- □可以和朋友们一起玩影子游戏。
- □电灯可以自己发光。

1. 月亮/2. 因为物体可以反射光，所以我们可以看见/3. 因为直射的光遇到了不透明的物体/4. 在装了水的杯子里吸管看上去像是折断了。

科学原理早知道 力与能量

推荐人 朴承载 教授（首尔大学荣誉教授，教育与人力资源开发部 科学教育审议委员）
作为本书推荐人的朴承载教授，不仅是韩国科学教育界的泰斗级人物，创立了韩国科学教育学院，任职韩国科学教育组织联合会会长，还担任着韩国科学文化基金会主席研究委员、国际物理教育委员会（IUPAP-ICPE）委员、科学文化教育研究所所长等职务，是韩国儿童科学教育界的领军人物。

推荐人 大卫·汉克（Dr. David E. Hanke）教授（英国剑桥大学 教授）
大卫·汉克教授作为本书推荐人，在国际上被公认为是分子生物学领域的权威，并且是将生物、化学等基础科学提升至一个全新水平的科学家。近期积极参与了多个科学教育项目，如科学人才培养计划《科学进校园》等，并提出《科学原理早知道》的理论框架。

编审 李元根 博士（剑桥大学 理学博士，韩国科学传播研究所 所长）
李元根博士将科学与社会文化艺术相结合，开创了新型科学教育的先河。
参加过《好奇心天国》《李文世的科学园》《卡卡的奇妙科学世界》《电视科学频道》等节目的摄制活动，并在科技专栏连载过《李元根的科学咖啡馆》等文章。成立了首个科学剧团并参与了"LG科学馆"以及"首尔科学馆"的驻场演出。此外，还以儿童及一线教师为对象开展了《用魔法玩转科学实验》的教育活动。

文字 李美京
毕业于首尔教育大学，现担任首尔一新小学的一线教师。致力于儿童科学教育，积极参与小学教师联合组织"小学科学守护者"。并在小学教师科学实验培训、科学中心学校等机构担任讲师。为了让孩子们能够学到有趣的科学知识与科学实验而不断地探索中。

插图 尹香熙
毕业于产业设计专业，现在是一名自由插画家。代表作品有《弗兰德斯的狗》《改变命运的草绳》《人鱼公主》《老虎与柿饼》等。

北京市版权局著作权合同版权登记号：01-2022-3268

图书在版编目（CIP）数据

神奇的光 / (韩) 李美京文 ; (韩) 尹香熙绘 ; 高绿路译. —北京：化学工业出版社, 2022.6
（科学原理早知道）
ISBN 978-7-122-41019-1

Ⅰ. ①神… Ⅱ. ①李… ②尹… ③高… Ⅲ. ①光学—儿童读物 Ⅳ. ①O43-49

中国版本图书馆CIP数据核字（2022）第047698号

责任编辑：张素芳
责任校对：王　静
封面设计：刘丽华
装帧设计：溢思视觉设计 / 程超

出版发行：化学工业出版社
（北京市东城区青年湖南街13号　邮政编码100011）
印　　装：北京华联印刷有限公司
889mm × 1194mm　1/16　印张2¼　字数50千字
2023年1月北京第1版第1次印刷

购书咨询：010－64518888
售后服务：010－64518899
网　　址：http://www.cip.com.cn
凡购买本书，如有缺损质量问题，本社销售中心负责调换。

定　　价：25.00元　